西南典型民居物理性能提升图集

④苗族等竹木建造体系民居物理性能提升

丁 勇 主编

中国建筑工业出版社

图书在版编目（CIP）数据

西南典型民居物理性能提升图集．4，苗族等竹木建
造体系民居物理性能提升／丁勇主编．—北京：中国
建筑工业出版社，2023.3
　　ISBN 978-7-112-28489-4

　　Ⅰ.①西… Ⅱ.①丁… Ⅲ.①苗族—民居—物理性能
—西南地区—图集 Ⅳ.①TU241.5-64

　　中国国家版本馆CIP数据核字（2023）第047646号

参与编写人员

本 书 主 编：周政旭　朱　宁　谭良斌　丁　勇
分 册 主 编：丁　勇
分册编写组成员：罗　庆　张竞元　崔凯淇　姚　艳　石小波
　　　　　　　　　吴泽玲　刘　瑛　付维舟　华　静　陈智臻
　　　　　　　　　余小莉　陈　琼

前 言

我国幅员辽阔、地域多样、文化多元一体。西南地区是传统村落分布最为集中、地方和民族特色最为突出的地区之一。在漫长的历史进程中，植根于文化传统与地方环境，形成了风格各异、极具特色的村寨和民居，适应于不同的气候、地形、自然环境以及生计模式。但同时，西南村寨民居也存在应灾韧性不足、人居环境品质不高、特色风貌破坏严重、居住性能亟待改善等问题。为提升西南民居品质，本书以空间功能优化和物理性能提升为重点，从宜居性、安全性、低成本、集成化的角度构建西南典型民居改善技术体系。

在国家"十三五"重点研发计划"绿色宜居村镇技术创新"专项"西南民族村寨防灾技术综合示范"项目所属的"村寨适应性空间优化与民居性能提升技术研发及应用示范"课题（编号：2020YFD1100705）的支持下，清华大学、重庆大学、昆明理工大学联合西南多家科研院所、规划设计单位，开展典型民居物理性能提升技术研发示范工作，并在西南地区的数十个村寨开展示范。从技术研发与应用示范工作中总结凝练，最终形成中国城市科学研究会标准《西南典型民居物理性能提升技术指南》T/CSUS 51—2023。配合指南使用，课题组编写了本书。

本书适用于以布依族为例的砖石建造体系、以哈尼族和藏族为例的生土建造体系、以苗族为例的竹木建造体系典型民居的改建与提升。本书共分四册，每册针对一类典型民居，内容包括民居布局、空间形态、能源体系、功能优化、围护界面、材料使用等角度的宜居性能改善技术体系。

本书由清华大学、重庆大学、昆明理工大学团队合作编写。在理论研究、技术研发与指南图集审查过程中，得到了中国科学院、中国工程院院士吴良镛教授，中国工程院院士刘加平教授，中国工程院院士庄惟敏教授，中国城市规划学会何兴华副理事长，清华大学张悦教授、吴唯佳教授、林波荣教授，四川大学熊峰教授，云南大学徐坚教授，西南民族大学麦贤敏教授，西藏大学索朗白姆教授，中煤科工重庆设计研究院唐小燕教授级高工，重庆市设计院周强教授级高工，安顺市规划设计院陈永卫教授级高工的悉心指导、中肯意见和大力支持。在技术研发与示范过程中，得到四川大学、中国建筑西南设计研究院有限公司、四川省城乡建设研究院、云南省设计院集团有限公司、昆明理工大学设计研究院有限公司、安顺市建筑设计院、贵州省城乡规划设计研究院、重庆赛迪益农数据科技有限公司、重庆涵晖木业有限公司、加拿大木业、重庆群创环保工程有限公司等单位的共同参与。此外，过程中得到了西南多地政府部门、示范地村集体与村民的支持和帮助，在此不能一一尽述。谨致谢忱！

目 录
CONTENTS

第 1 章 建筑总体布局

1.1 顺应自然基底

村寨选址应充分利用原有宅基地、空闲地和其他未利用地，禁止占用基本农田、饮用水水源保护区，避免占用耕地、天然林地和公益林地。合理避让地震活动断裂带、地质灾害隐患区、山洪灾害危险区和行洪泄洪通道。

村寨空间的建设应适应当地地形地貌、水系、气候等自然环境条件，科学处理道路、建筑与山形、水体等环境要素的空间关系，不同地理区位的村庄应根据不同环境选择符合其自然基底的建造方式。突出地方性特色，实现人与自然和谐共生与村寨可持续发展。

村寨内道路应遵循安全便捷、尺度适宜、步行友好的基本原则。

村寨居住建筑的南立面不宜受到过多遮挡。建筑与庭院里植物的距离应满足采光与日照的要求。

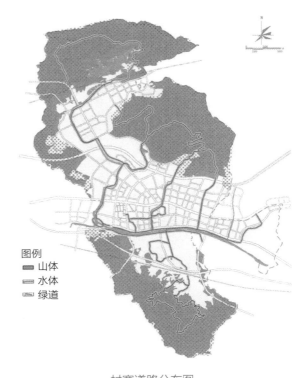

图例
- 山体
- 水体
- 绿道

村寨道路分布图

（图片来自中冶赛迪工程技术股份有限公司）

1.2 结合地形地貌

山地建筑结构设计时应充分考虑水文地质条件、建设场地稳定性、建筑接地形式、地震动力效应等因素对结构安全性的影响。

山地建筑应结合山地地形、岩土边坡条件和建筑功能等因素布置，充分利用地形、地貌，平面和场地竖向高程设计应考虑山地斜坡的走向和坡角，依山就势，采用合理的山地建筑结构形式，不对原地貌进行大开挖和深填方。

第 2 章　空间形态生成

2.1　完善功能空间

　　村寨应包含各种功能建筑，形成完善的功能体系，包括停车场、广场、小学、田园、鱼塘等，在完善生活生产功能、便捷村民生活的同时，有助于促进村寨经济的发展。

图例
① 乡村入口
② 田园停车场
③ 小学
④ 公交车站台
⑤ 休闲活动广场
⑥ 榕树广场
⑦ 稻香广场入口
⑧ 乡村会客厅
⑨ 集散广场
⑩ 风水塘
⑪ 有机田园社区
⑫ 围村
⑬ 渔乐园
⑭ 环卫站

村寨功能空间布局图

（图片来自中冶赛迪工程技术股份有限公司）

2.2　控制建造成本

　　在策划选址时应调研村寨周边市政环境和可利用资源，优先共用既有市政条件，减少建造新设施与重复使用。通过合理规划布局，减少建设、运营成本。如图是村寨完整的水系统布局图，包括给水、污水排放。

水系统布局图

（图片来自中冶赛迪工程技术股份有限公司）

第 3 章　空间功能优化

3.1　保留本地特色

对遗存的古树名木、河道沟渠、林地、湿地等自然、人工地物地貌应进行有效保护，杜绝随意砍伐、更改和挖填行为。

典型苗族村寨风貌图

村镇建筑的改造，应保留建筑中体现历史风貌的最主要因素，如立面、屋顶、墙面材料、结构、外观色彩和建筑构件等。对具有历史文化价值的传统街巷，其道路铺装、建筑形式、空间特征、建筑小品及细部装饰等，均应按照原貌保存和修缮。村寨中非保护性民居或公共建筑的整治，以及其他建设的发展，应传承所在地的乡土特色，在建设选址、空间布局、建筑形态与风貌、建造方式、环境景观等方面遵循当地文化习俗，符合当地居民的生活方式和居住习惯。

典型苗族民居外观

3.2　提升室内环境

应采用低导热系数的新型墙体材料或采用带有封闭空气间层的复合墙体构造设计，提高墙体热阻值，增强墙体热稳定性。屋面保温应选择密度小、导热系数小的材料，同时严格控制吸水率，综合提升保温性能，增强热舒适。

第 4 章　围护界面提升

4.1　材料性能参数

民居围护结构改造采用保温、隔声材料主要包括岩棉和挤塑板（XPS），这两种材料具体性能参数如下表所示。

岩棉性能参数

项目	性能指标			检测标准
	岩棉条	岩棉板		
		TR10	TR15	
垂直于板面方向抗拉强度（kPa）	≥100	≥10	≥15	《建筑用绝热制品垂直于表面抗拉强度的测定》GB/T 30804—2014
导热系数［W/（m·K）］（25℃）	≤0.046	≤0.040		《绝热材料稳态热阻及有关特性的测定防护热板法》GB/T 10294—2008
规格，mm	1200×150	1200×600		—
质量吸湿率	≤1.0			《矿物棉及其制品试验方法》GB/T 5480—2017
酸度系数	≥1.8			《矿物棉及其制品试验方法》GB/T 5480—2017
燃烧性能	A级			《建筑材料及制品燃烧性能分级》GB 8624—2012

挤塑板（XPS）性能参数

项目	性能指标	检测标准
压缩强度（kPa）	≥200	《硬质泡沫塑料 压缩性能的测定》GB/T 8813—2020
吸水率；浸水96h	≤1.5	《硬质泡沫塑料吸水率的测定》GB/T 8810—2005
尺寸稳定性70℃±2℃，48h	≤1.5	《硬质泡沫塑料尺寸稳定性试验方法》GB/T 8811—2008
导热系数［W/（m·K）］（25℃）	≤0.030	《绝热材料稳态热阻及有关特性的测定 防护热板法》GB/T 10294—2008
垂直于板面抗拉强度（MPa）	≥0.1	《建筑用绝热制品 垂直于表面抗拉强度的测定》GB/T 30804—2014
燃烧性能分级	B1	《建筑材料及制品燃烧性能分级》GB 8624—2012
规格（mm）	1200×600	—

4.2　外墙

根据《农村居住建筑节能设计标准》GB/T 50824—2013及《民用建筑隔声设计规范》GB 50118—2010，外墙的热工性能应满足传热系数$k\le1.5$，热惰性$d<2.5$，隔声性能应满足隔声量≥45dB。

推荐外墙构造从外到内依次由外墙挂板/装饰、龙骨层、木结构专用单向呼吸纸、OSB板、挤塑板、空气层、纸面防火石膏板及内墙板组成。挤塑板、空气层主要起到隔热、隔声作用。单向呼吸纸、纸面防火石膏板起到防潮作用。

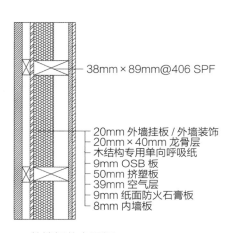

38mm×89mm@406 SPF

20mm 外墙挂板/外墙装饰
20mm×40mm 龙骨层
木结构专用单向呼吸纸
9mm OSB 板
50mm 挤塑板
39mm 空气层
9mm 纸面防火石膏板
8mm 内墙板

外墙板节点实物图　　　　　　　　外墙板节点图纸

外墙性能对照表

	实际性能	参考标准	是否满足标准
隔热	传热系数为0.21 W/（m·k），热惰性为0.809	《农村居住建筑节能设计标准》GB/T 50824—2013，传热系数$k\le0.8$，热惰性$d<2.5$	是
隔声	隔声量为45dB	《民用建筑隔声设计规范》GB 50118—2010，隔声量≥45dB	是

4.3　屋面

根据《农村居住建筑节能设计标准》GB/T 50824—2013及《民用建筑隔声设计规范》GB 50118—2010，屋面的热工性能应满足传热系数$k\le0.8$，热惰性$d<2.5$。隔声性能无要求。

推荐屋面构造由上到下依次为：屋面瓦层、SBS防水层、OSB板、挤塑板保温层、龙骨、SBS防水层、OSB板、岩棉保温隔声层、空气层、底部装饰板。其中，挤塑板和保温层主要起到隔热作用。两层SBS防水层可确保屋面的防水性能。该屋面兼具美观、承担荷载、保温隔热、隔声、防水的功能。

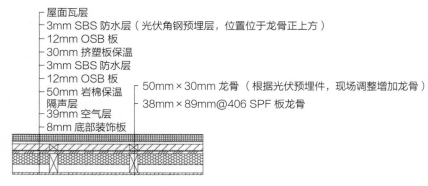

- 屋面瓦层
- 3mm SBS 防水层（光伏角钢预埋层，位置位于龙骨正上方）
- 12mm OSB 板
- 30mm 挤塑板保温
- 3mm SBS 防水层
- 12mm OSB 板
- 50mm 岩棉保温 ─ 50mm×30mm 龙骨（根据光伏预埋件，现场调整增加龙骨）
- 隔声层 ─ 38mm×89mm@406 SPF 板龙骨
- 39mm 空气层
- 8mm 底部装饰板

屋面节点图纸

屋面节点实物图

屋面性能对照表

	实际性能	参考标准	是否满足标准
隔热	传热系数为0.284 W/(m·k)，热惰性为0.43	《农村居住建筑节能设计标准》GB/T 50824—2013，传热系数k≤0.8，热惰性d<2.5	是

4.4 楼板

根据《农村居住建筑节能设计标准》GB/T 50824—2013及《民用建筑隔声设计规范》GB 50118—2010，楼板的隔声性能应满足空气声≥50dB，撞击声≤75dB。对隔热性能无要求。

推荐楼板构造从上到下依次为：木地板、OSB板、岩棉、空气层、吊顶板。其中岩棉起到主要隔声作用。该楼板具有载荷承担、隔声的综合性能。

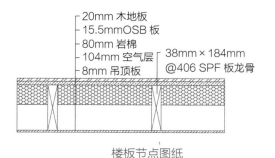

- 20mm 木地板
- 15.5mmOSB 板
- 80mm 岩棉
- 104mm 空气层 ─ 38mm×184mm
- 8mm 吊顶板 ─ @406 SPF 板龙骨

楼板节点图纸

楼板性能对照表

	实际性能	参考标准	是否满足标准
隔声	空气声为50dB 撞击声为55dB	《民用建筑隔声设计规范》GB 50118—2010，空气声≥50dB，撞击声≤75dB	是

第5章　综合节能体系

5.1　太阳能光热系统

根据调研，当前村寨居民的生活燃料主要以木材和煤炭为主，且现有的生活燃料无法满足居民的热水需求，可采用太阳能光热系统满足日常生活热水。

5.1.1　太阳能集热器

太阳能集热器是太阳能热水系统中的集热部件，也是太阳能热水系统的核心部件，其性能优劣直接影响到太阳能热水系统的性能。同时，太阳能集热器的总面积与系统的节能特性和经济性紧密相关。

太阳能集热器按照进入采光口的太阳辐射是否改变方向，可分为聚焦型集热器和非聚焦型集热器。聚焦型与非聚焦型太阳能集热器优缺点对比如下表所示：

聚焦型与非聚焦型太阳能集热器优缺点对比

	优点	缺点
聚焦型集热器	有效减少吸收面积，提高接受面上的能量密度和系统效率，降低系统成本，能够获得较高集热温度，热品位高（中高温集热器）	投资规模大，空间占有量大，填充因子少，技术要求高
非聚焦型集热器	结构简单，可固定安装，成本较低；技术成熟，商业化程度高	热流密度较低，无法得到高品质热能

聚焦型太阳能集热器主要类别有塔式、碟式、槽式，它们的性能参数和优缺点对比如下表所示：

聚焦型太阳能集热器各类型性能参数优缺点对比

性能参数	塔式	碟式	槽式
电站规模（MW）	10~200	5~25	30~320
聚光方式	平、凹面反射镜	旋转对称抛物面反射镜	抛物面反射镜
跟踪方式	双轴跟踪	双轴跟踪	单轴跟踪
介质温度（℃）	500~1500	500~1400	260~400
光热转换效率（%）	75	85	70
年净效率（%）	7~20	12~25	11~16
占地（亩/MW）	25~30	/	30~40

性能参数	塔式	碟式	槽式
单位面积造价（美元/m²）	200~475	320~3100	275~630
单位瓦数造价（美元/W）	2.7~4.0	1.3~12.6	2.5~4.4
商业化	有	试验示范阶段	有
优点	较高的转化效率，可混合发电，可高温储能	最高的转换效率，可模块化，可混合发电	成本较低，占地少，可混合发电，可中温储能
缺点	初次投资和运营费用高，商业化程度不够	造价高，可靠性有待加强，尚未大规模生产	产生中温蒸汽，真空管技术有待提高

非聚焦型太阳能主要有真空管、热管太阳集热器和平板太阳集热器，它们的优缺点对比如下表所示：

非聚焦型太阳能集热器优缺点对比

项目	真空管、热管太阳集热器	平板太阳集热器
与建筑的一体化	不能与建筑相结合，无法达到建筑结构的替代，只能平铺在屋面上，建筑外观视觉效果较差	易与建筑物结合，可以替代屋面板、墙板等（可节约相应建筑材料费用），成为建筑构件，外观美观实用，目前已大面积应用，技术成熟
使用寿命	10~15年	30年
性价比	集热器寿命年限内，真空管年平均投资为总投资的6.7%，热管为10%，年平均投资高，性价比低	集热器寿命年限内年平均投资为总投资的4%，年平均投资低，性价比高
承压性能	承压0.3MPa以下，承压性能差，系统运行压力不易分配，运行效果差	承压0.6MPa以上，承压性能好，系统运行压力易分配，运行效果佳
热效率	工质加热要求80℃以上时，效率优于平板集热器	工质加热要求80℃以下时，效率优于真空管、热管集热器
实际采光面积	真空管、热管集热器每平方米集热器实际采光面积在0.55~0.70m²之间，实际采光面积小	平板集热器每平方米集热器实际采光面积在0.90~0.95m²之间，实际采光面积大
空晒温度	250℃，适合高温加热系统使用	180℃，适合中低温（洗浴用水）加热系统使用
防冻性能	集热器本身防冻，温度低于0℃的区域地区需考虑管路防冻，一般采用电伴热带防冻，停电、电器控制等容易发生故障	集热器本身无法防冻，温度低于0℃的区域，集热器及管路需考虑防冻，目前均采用机械排空防冻技术，技术成熟可靠，不需采用电器控制，停电等无故障问题
夏季过热问题	真空管、热管集热器本身和系统无法解决夏季过热及结垢问题，且容易发生故障（真空度降低及温差过大易造成炸管）	平板集热器系统采用排空技术，集热器可很好地解决夏季过热问题
维修/养护	以100m²太阳能集热器为例，真空管集热器需要安装800~1000只管子，故障率按0.1%/月计算，每年一般则需维修10次左右，日常维护量大，维修费用高	以100m²太阳能集热器为例，平板集热器需要安装35~50块集热板，故障率也按0.1%/月计算，每年一般维修0.6次，日常维护量极小，维修费用低
破损处理	局部破损后漏水严重，影响整个系统的运行使用，必须停止系统运行，系统维修时间长。炸管或胶圈老化是导致系统瘫痪的关键问题	局部损坏不影响系统使用，可局部换修，系统维修时间短

项目	真空管、热管太阳集热器	平板太阳集热器
系统设计	各厂家系统设计不同，设备选型不同，如水泵选择、水箱选择、系统管路选择、辅助能源选择、系统控制方案选择等不同，会造成运行费用差异很大，节能效果显著不同	

5.1.2 产热量计算

根据《民用建筑太阳能热水系统应用技术标准》GB 50364—2018与重庆市《民用建筑太阳能热水系统一体化应用技术规程》DBJ/T 50—083—2008，直接式太阳能热水系统的集热量可由下式进行计算。

$$Q=A_c \times J_T \times \eta_{cd} \times (1-\eta_L) \times b_j/f$$

式中：A_c——直接系统集热器总面积；

J_T——当地集热器采光面上的年平均日太阳辐射量；

f——太阳能保证率；

η_{cd}——集热器的年平均集热效率；

η_L——贮水箱和管路的热损失率；

b_j——集热器面积补偿系数。

以重庆为例，按照光热系统产热量的算法，参考规范选取合理的太阳能保证率、储水箱和管路的热损失率，根据集热器产品的年平均集热效率，并结合重庆当地集热器采光面上的太阳总辐射年平均日辐射量，得到单位集热器面积下的集热器产热量（MJ/m²）如下表所示：

单位面积集热器产热量

	1月	2月	3月	4月	5月	6月	7月	8月	9月	10月	11月	12月
平板式（45%）	114.79	140.71	229.58	314.74	351.77	336.96	451.75	466.56	333.26	199.95	159.22	96.27
全玻璃真空管式（50%）	127.54	156.34	255.09	349.71	390.86	374.40	501.94	518.40	370.29	222.17	176.91	106.97
热管式（55%）	140.30	171.98	280.59	384.69	429.94	411.84	552.14	570.24	407.31	244.39	194.61	117.67
塔式（75%）	191.31	234.51	382.63	524.57	586.29	561.60	752.91	777.60	555.43	333.26	265.37	160.46
碟式（85%）	216.82	265.78	433.65	594.51	664.46	636.48	853.30	881.28	629.49	377.69	300.75	181.85
槽式（70%）	178.56	218.88	357.12	489.60	547.20	524.16	702.72	725.76	518.40	311.04	247.68	149.76

聚焦型集热器的集热效率高导致单位集热器面积下的集热器产热量大，但聚焦型集热器属于中高温范畴，主要应用于太阳能制冷、工业用热、海水淡化等方面。满足传统民居

9

家庭用热水需求，宜采用平板或真空管太阳集热器。

5.1.3　热水量计算

根据《民用建筑太阳能热水系统应用技术标准》GB 50364—2018与重庆市《民用建筑太阳能热水系统一体化应用技术规程》DBJ/T 50—083—2008，以得到热水量的计算方法。

$$Q=Q_w \times C_w \left(t_{end}-t_i\right)$$

式中：t_{end}——贮热水箱内水的设计温度；

    t_i　——水的初始温度；

    C_w　——热水的比热容；

    Q_w　——日均用水量。

$$Q_w=q_r \times m \times b$$

式中：m——计算用水的人数/床数；

    q_r——平均日热水用水定额；

    b　——同日使用率。

通过计算，在用水定额以及设计温度一定的情况下，假设用热水人数为3人（热水量120L）时，对于供应侧的太阳能集热器得热量为14068.32kJ；假设用热水人数为5人（热水量200L）时，对于供应侧的太阳能集热器得热量需为23447.2kJ。

5.1.4　最小敷设面积

根据家庭用水量及单位面积集热器产热量计算出不同类型太阳能集热器最小敷设面积如下表所示（以重庆地区为例）：

不同类型太阳能集热器最小敷设面积

	平板式（45%）	全玻璃真空管式（50%）	热管式（55%）
三口之家	1.58	1.43	1.30
五口之家	2.38	2.38	2.16

5.1.5　太阳能集热器的安装

村寨住宅多为坡屋面，常见的太阳能集热器在坡屋面上的安装有四种方式。

1. 集热器安装角度可以根据现场情况确定，工程设计方案有具体的规定，以方案设计为准。支架立柱和支架横梁之间要进行焊接，立柱和预留钢板之间要进行焊接。集热器运行重量为42公斤/台。

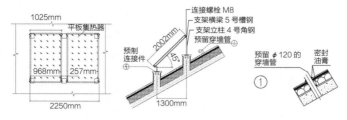

平板型集热器坡屋面安装方式 1

2. 预留连接件长度L根据楼顶保温层、防水层等厚度确定，但需要最终超出屋面尺寸≥100mm。预留连接件之间进行焊接，浇筑完毕后外露部分马上做防腐处理。预留连接件和角钢架之间需进行焊接，焊接完毕后马上做防腐处理。

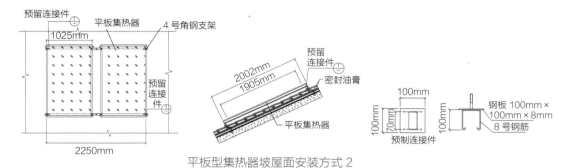

平板型集热器坡屋面安装方式2

3. 平板型集热器在坡屋面也可做内嵌式安装。

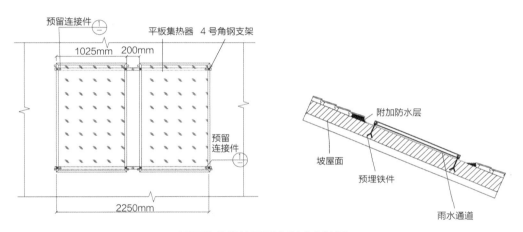

平板集热器坡屋面内嵌式安装图

4. 真空管型集热器

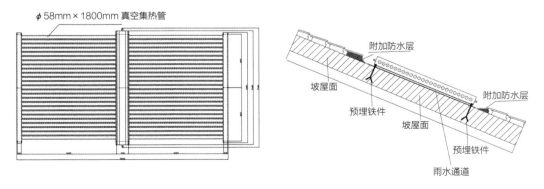

真空管型集热器坡屋面安装图

5.1.6 贮水箱的要求

1. 基座要求

1）贮水箱安装在屋面时，基座必须设在建筑物承重墙（梁）上。

2）贮水箱安装在室内或室外地面时，基座必须做在强度符合要求的夯土层或岩土层上，不得沉降。

3）在建建筑，在屋面结构层上和屋面同步施工的贮水箱基座，施工完毕后应与屋面同步做防水处理，并应符合现行《屋面工程质量验收规范》GB 50207的规定。

4）既有建筑，贮水箱基座必须做在结构层上，被破坏的防水必须恢复，并应符合现行《屋面工程质量验收规范》GB 50207的规定。

5）对于现场安装的组合式水箱考虑到底部保温施工的要求，水箱基座高度不应低于300mm。

6）贮水箱应与其基座牢固连接。

2. 接地要求

1）贮水箱的内箱应做接地处理。接地应符合现行《电气装置安装工程接地装置施工及验收规范》GB 50169 的要求。如果贮水箱是金属的而且放在楼顶，应符合现行《建筑物防雷设计规范》GB50057的有关标准，直接与防雷网（带）连接。如原建筑无防雷措施时，应做好防雷接地。

2）水箱的接地可以利用下列自然接地体：埋设在地下的没有可燃及爆炸物的金属管道、金属井管、与大地有可靠连接的建筑物的金属结构。

3）接地装置宜采用钢材。接地装置的导体截面积应符合热稳定和机械强度的要求。

4）接地体的连接应采用焊接，焊接必须牢固无虚焊，连接到水箱上的接地体应采用镀锌螺栓或铜螺栓连接。

3. 放置要求

1）放置贮水箱的位置要考虑水箱溢流、排污等高温水对楼顶或地面的影响，周围要有排水管道、地漏等。

2）当贮水箱设备间设在二层以上的室内时，室内地面应做防水。用于制作贮水箱的材质、规格应符合设计要求。

3）贮水箱四周应留有检修通道。贮水箱放在室内时，四周距侧面无管道墙距离≥0.7m，有管道墙净距≥1.0m，且管道外壁与建筑本体墙面之间≥0.6m，贮水箱下面有管道时净距≥0.8m；顶板距上面建筑本体净距≥0.8m。

4）贮水箱顶部应留有检修口，底部应留有排污口，周围应有排水措施，水箱排水时不应积水。贮水箱的排污口和溢流口应设置在排水地点附近但不得与排水管直接连接。

5）贮水箱放在室内时要考虑热蒸汽的影响，排气管要引到室外

4. 质量要求

1）钢板焊接的贮水箱，水箱内外壁均应按设计要求做防腐处理。内壁防腐材料应卫生、无毒，且应能承受所贮存热水的最高温度。

2）开式贮水箱应做检漏试验，试验方法应符合设计要求。检漏合格后才能进行保温施工。水箱保温应符合现行《工业设备及管道绝热工程施工质量验收标准》GB/T 50185的要求。

3）闭式贮水箱应做承压试验。

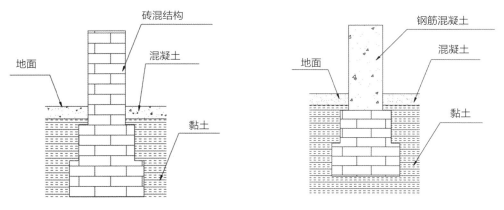

水箱地面做法

5.1.7 贮水箱的安装设计

1. 分体式水箱安装设计

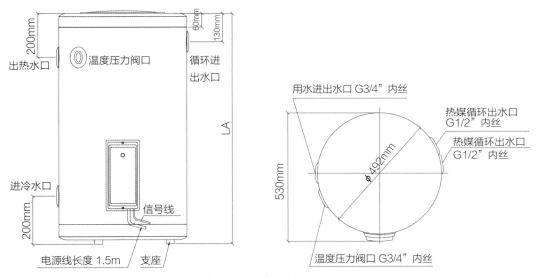

分体式水箱安装设计示意图

贮水箱安装在室内地面上，并留出循环水泵的安装位置。确定水箱位之后要预留至屋顶的管路、DN20穿线管位置以备电加热和传感器线通至屋面集热器。

分体式水箱与集热器连接应采用PPR管。

2. 方形水箱安装设计

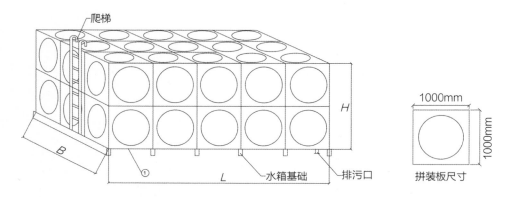

方形水箱安装设计示意图

方形水箱采用模块拼装式。材质有不锈钢和钢板搪瓷两种。适用于室内安装和高层建筑屋面安装。

3. 圆形水箱安装设计

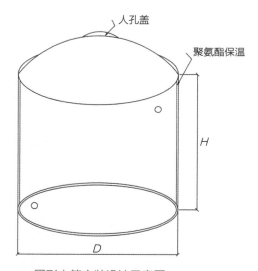

圆形水箱安装设计示意图

圆形水箱为整体成型水箱。适用于吨位小、易安装的低屋面安装。

4. 闷顶水箱安装设计

在坡屋面建筑中，保温水箱可以安装在闷顶中。

在设计时要注意以下几点：

· 水箱位置要尽量在屋脊中央，水箱的高度宜为1500~2000mm。

· 水箱位置要充分考虑组装和做保温时的安装空间。

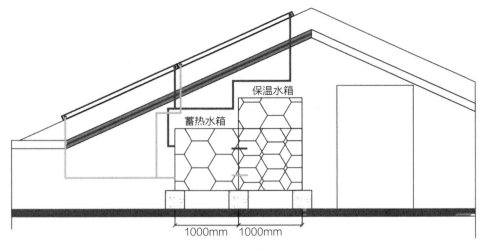

闷顶水箱安装设计示意图

- 水箱可分割成几个串联在一起，但水箱高度要一致。
- 要选用低噪声水泵，防止噪声污染。

5.1.8 管道保温

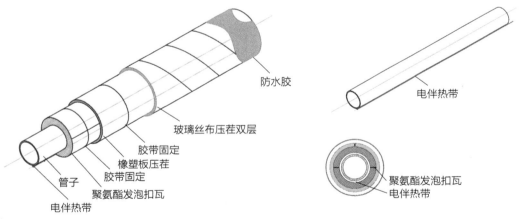

注:
1. 保温采用聚氨酯发泡扣瓦，其保温层厚度为30mm。
2. 保护层型式及要求与直管部分相同。
3. 每个管路只要一根伴热带，伴热带与管子底部紧密贴合在一起。
4. 伴热带最长安装为35m，35m 以上的管路，需重新接电源。

管道直管保温做法示意图

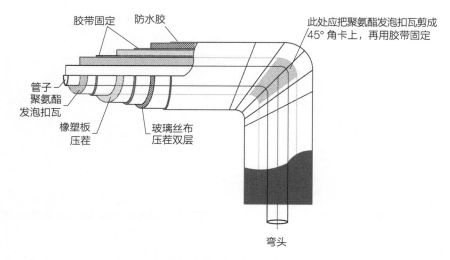

管道弯头处保温做法示意图

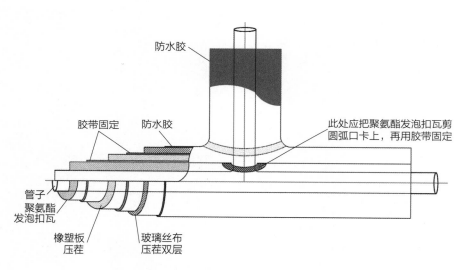

管道三通处保温做法示意图

5.2 太阳能光伏系统

5.2.1 单位安装面积发电量

目前太阳能光伏设备有不同类型组件，常见太阳能光伏组件类型光伏组件单位安装面积的发电量如下表所示（以重庆地区为例）。

常见太阳能光伏组件类型单位安装面积的发电量

月份	1月	2月	3月	4月	5月	6月	7月	8月	9月	10月	11月	12月
单晶硅 （kW·h/m²）	4.861	5.958	9.722	13.33	14.9	14.27	19.13	19.76	14.11	8.467	6.742	4.077
多晶硅 （kW·h/m²）	4.216	5.168	8.432	11.56	12.92	12.38	16.59	17.14	12.24	7.344	5.848	3.536
硅基薄膜 （kW·h/m²）	2.976	3.648	5.952	8.16	9.12	8.736	11.71	12.1	8.64	5.184	4.128	2.496
铜铟镓硒薄膜 （kW·h/m²）	3.72	4.56	7.44	10.2	11.4	10.92	14.64	15.12	10.8	6.48	5.16	3.12
碲化镉薄膜 （kW·h/m²）	3.472	4.256	6.944	9.52	10.64	10.19	13.66	14.11	10.08	6.048	4.816	2.912
其他薄膜 （kW·h/m²）	3.472	4.256	6.944	9.52	10.64	10.19	13.66	14.11	10.08	6.048	4.816	2.912

5.2.2　不同材料太阳能电池性能对比

每种太阳能电池材料有其各自的优缺点。目前，晶体硅太阳能电池拥有坚实的技术基础，是太阳能电池的主流。单晶硅、多晶硅、非晶硅薄膜太阳能电池优缺点对比如下表所示。

单晶硅、多晶硅、非晶硅薄膜太阳能电池材料的优缺点对比

太阳能电池材料	优点	缺点
单晶硅太阳能电池	晶体中缺陷较少，可靠性高，性能比较稳定，转换效率高、装机容量高（同等规模占地面积小），寿命较长	生产工艺复杂、不能弯曲，重量大，高温性能较差，弱光性差，年度衰减率高
多晶硅太阳能电池	制造成本较单晶硅更低，经济性更高；生产工艺简单，可大规模生产，产量与市场占有率高；效率高于薄膜电池	晶体中有缺陷，杂质多，电学、力学和光学性能一致性不如单晶硅电池，使用寿命短
非晶硅薄膜太阳能电池	生产工艺简单，高温性能佳，年度衰减率低，弱光性能好（适合低日照水平），温度系数低（高温下发电功率衰减小），阴影遮挡功率损失较小，单位面积承重小	转换效率较低，单片组件容量小（同等规模占地大） 其中砷化镓、铜铟镓硒价格昂贵（工艺难、元素储量有限）；碲化镉为有毒物质，对环境有污染

5.2.3　每户家庭光伏板安装面积

根据经验值，每个家庭的日用电量在3～5kW·h，为满足日用电量晶体硅光伏板最小敷设面积如下表（以重庆地区为例）。

日均用电量	多晶硅	单晶硅
2kW·h	6.13	5.32
3kW·h	9.20	7.98
4kW·h	12.27	10.64
5kW·h	15.34	13.30
7kW·h	21.47	18.62
9kW·h	27.61	23.94

5.3 雨水循环系统

苗族村寨普遍位于山坡上，夏季雨天天气凉爽，晴天较为炎热。充分利用雨水资源形成屋面雨水循环系统，有效改善晴天室内的热舒适。

5.3.1 雨水量计算

根据《建筑与小区雨水控制及利用工程技术规范》GB 50400—2016及重庆市《城市雨水利用技术标准》（DBJ 50/T 295—2018），选取雨量径流系数0.9，初期雨水弃流系数0.87，结合设计降雨厚度参数及预估屋面汇水面积90m²。通过计算，逐月可收集雨水量如下表（此处以武隆地区、黔江地区为例）。

逐月可收集雨水量（m³）

	1月	2月	3月	4月	5月	6月	7月	8月	9月	10月	11月	12月
武隆	1.18	1.52	3.14	7.28	10.35	12.11	10.58	9.09	6.66	6.17	3.34	1.22
黔江	1.46	2.06	3.44	7.99	11.92	12.36	12.53	10.89	7.84	7.02	3.95	1.40

5.3.2 雨水循环系统效果

根据《辐射供暖供冷技术规程》JGJ 142—2012，选取输配管流速分别为0.25m/s，0.3m/s，0.35m/s，供回水温差2℃，单位面积供冷量19W/m²。通过计算，不同管径、流速下雨水循环系统承担室内负荷及室内面积如下表所示。

雨水循环系统承担室内负荷及室内面积

管径（mm）	流速	流量（m³/h）	供回水温差	对应负荷［kJ/s（kW）］	负荷指标（W/m²）	负担面积（m²）
20	0.25	0.2826	2	0.986745	28.5	23.08175439
20	0.3	0.33912	2	1.184094	28.5	27.69810526
20	0.35	0.39564	2	1.381443	28.5	32.31445614
25	0.25	0.441563	2	1.541789063	28.5	36.06524123
25	0.3	0.529875	2	1.850146875	28.5	43.27828947
25	0.35	0.618188	2	2.158504688	28.5	50.49133772

5.3.3　雨水循环系统图

雨水循环系统应包括换热盘管换热，供水泵给予雨水循环动力，此外由于雨水中杂质较多，为了保证雨水循环系统换热效果及设备耐久性。应在系统中增设过滤器净化水质，保证系统性能。

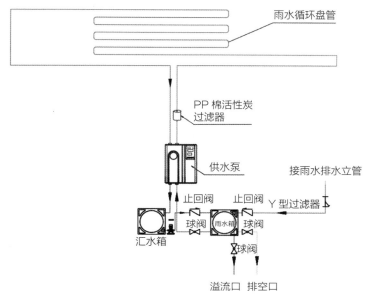

雨水循环系统图（图片来自重庆群创环保工程有限公司）

5.4　被动式通风与空气质量改善

5.4.1　屋顶通风的作用

·屋顶通风在冬季可以防止外侧冷凝，防止冰坝现象，带走湿热潮气。

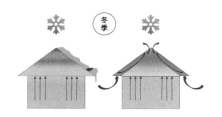

（图片来自加拿大木业）

·屋顶通风在夏季可以排出高热空气。

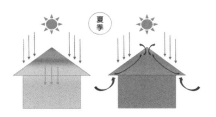

（图片来自加拿大木业）

5.4.2 阁楼式保温坡屋面

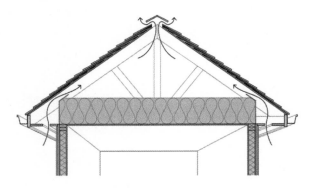

屋顶通风原理图（图片来自加拿大木业）

较冷的空气从檐底处进入，通过在阁楼空间内加热后，从上方（屋脊通风盖、旋转通风器）排出屋顶。

屋脊通风盖通风效果图（图片来自加拿大木业）

屋脊通风盖实物图（图片来自加拿大木业）

旋转通风器通风效果图（图片来自加拿大木业）

旋转通风器实物图（图片来自加拿大木业）

5.4.3　格栅式保温坡屋面

木屋面格栅之间填充保温棉，保温受限于框架深度，并需要通风空间。

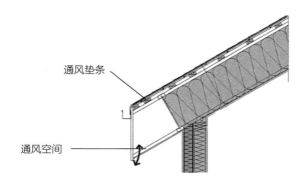

格栅式保温坡屋面（图片来自加拿大木业）

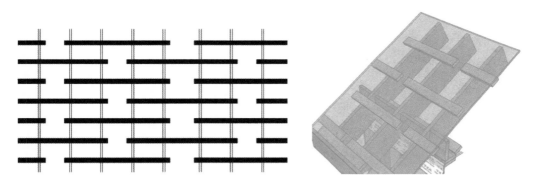

通风垫条应进行交错布置（图片来自加拿大木业）

5.4.4　门窗通风的要求

自然通风条件下，洞口（门窗）是最主要的通风形式，洞口的形式对于室内的通风有着决定性的作用。根据《民用建筑供暖通风与空气调节设计规范》GB 50736—2012中的要求，窗地比应≥5%；根据《绿色建筑评价标准》GB/T 50378—2019，优化建筑空间和平面布局，改善自然通风效果，住宅建筑通风开口面积与房间地板面积的比例在夏热冬暖地区达到12%，在夏热冬冷地区达到8%，在其他地区达到5%，这些是基本要求；在此基础上，为获得更好的通风效果，可再增加2%~16%。在门窗洞口大小相同的情况下，不同的平面布置方式对室内空气流动仍有较大的影响，假设风向从南到北，不同洞口平面布置下的气流走向如下图所示。

不同洞口形式下气流图

通风状况	门窗垂直布置	风口斜向布置	风口斜向布置
门窗垂直布置	门窗竖直布置	风口斜向布置	门窗垂直布置

5.4.5　门窗通风平面布置形式

在满足建筑通风开口面积与房间地板面积的比例为8%的情况下，设置M1、M2、M3、M4、M5共5种不同室内门窗平面布置组合形式。

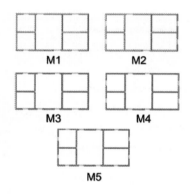

房间的窗、门尺寸

房间编号	窗尺寸		窗数量（个）	门尺寸		门数量（个）
	宽(mm)	高(mm)		宽(mm)	高(mm)	
M1	800	800	1	800	1800	1
M2	800	800	1	800	1800	1
M3	1000	1000	2	1200	1800	1
M4	1000	900	1	800	1800	1
M5	1000	900	1	800	1800	1

以重庆地区气象数据为例，对每个房间的模拟分析，得到了M1~M5这5种室内门窗平面布置形式下的室内风环境模拟结果，各个房间在不同室内门窗平面布置形式下速度场云图、速度场矢量图以及空气龄云图的模拟结果如下所示。

不同洞口形式编号	模拟结果			
	速度云图		速度矢量图	
	最大值	平均值	最大值	平均值
M1	2.16m/s	0.33m/s	2.16m/s	0.33m/s
	空气龄云图			
	最大值	平均值		
	116.15s	35.55s		
	速度云图		速度矢量图	
	最大值	平均值	最大值	平均值
M2	2.17m/s	0.27m/s	2.17m/s	0.27m/s
	空气龄云图			
	最大值	平均值		
	137.45s	40.40s		

不同洞口形式编号	模拟结果			
	速度云图		速度矢量图	
	最大值	平均值	最大值	平均值
M3	2.15m/s	0.34m/s	2.15m/s	0.34m/s
	空气龄云图			
	最大值	平均值		
	108.45s	34.59s		
M4	速度云图		速度矢量图	
	最大值	平均值	最大值	平均值
	2.12m/s	0.28m/s	2.12m/s	0.28m/s
	空气龄云图			
	最大值	平均值		
	131.97s	37.66s		

不同洞口形式编号	模拟结果			
	速度云图		速度矢量图	
	最大值	平均值	最大值	平均值
	2.14m/s	0.28m/s	2.14m/s	0.28m/s
M5	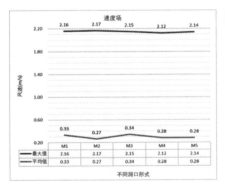 不同洞口形式		不同洞口形式	
	空气龄云图			
	最大值	平均值		
	154.73s	46.97s		

整理可得出不同门窗形式下室内速度场和空气龄的平均值、最大值的变化曲线图。

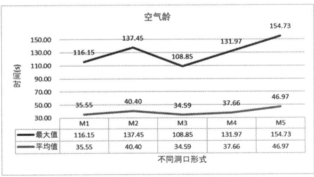

由此可以看出，综合结果中M3形式下空气龄最小，M4形式下风速最小，住户群体可根据需求不同，选择合适的平面布置形式。

5.5 防潮增强

5.5.1 防潮

防潮对于提升木结构建筑耐久性、室内舒适性具有重要意义。

5.5.2 水汽来源

建筑物主要水汽来源有三个，包括户外水汽、施工水汽、入住后内部产生的水汽。其中，户外水汽是最大的水汽来源。

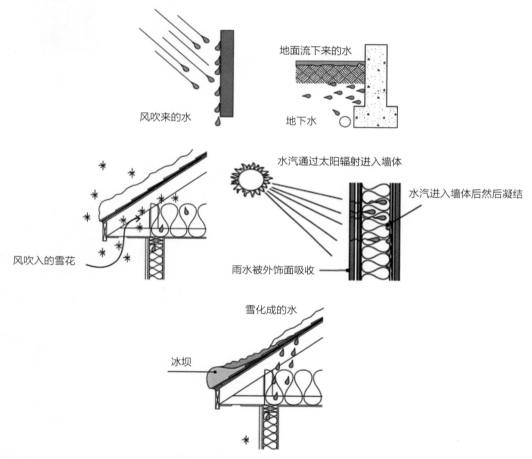

水汽来源示意图（图片来自加拿大木业）

5.5.3 毛细作用

毛细作用是液体表面对固体表面的吸引力，在自然界中，植物通过茎内导管充当毛细管，将水分从根部一直移动到最顶上的树尖。而建筑物地基中的毛细管又多又细，会把土壤中的水分吸上来，引起建筑物潮湿。

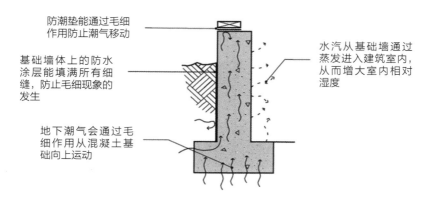

防潮垫能通过毛细作用防止潮气移动

基础墙体上的防水涂层能填满所有细缝，防止毛细现象的发生

地下潮气会通过毛细作用从混凝土基础向上运动

水汽从基础墙通过蒸发进入建筑室内，从而增大室内相对湿度

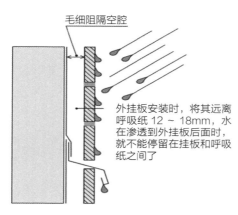

毛细阻隔空腔

外挂板安装时，将其远离呼吸纸 12 ～ 18mm，水在渗透到外挂板后面时，就不能停留在挂板和呼吸纸之间了

防潮原理示意图（图片来自加拿大木业）

5.5.4 水蒸气扩散

木结构构件中的水蒸气扩散是指水蒸气从湿度高的区域流向湿度低的区域。

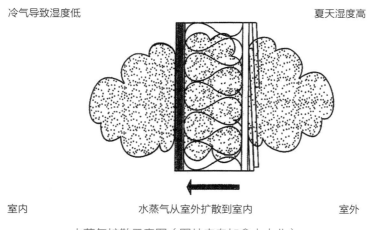

冷气导致湿度低

夏天湿度高

室内

水蒸气从室外扩散到室内

室外

水蒸气扩散示意图（图片来自加拿大木业）

5.5.5 冷凝

进入隔热层空腔的潮湿热空气或水蒸气遇到较冷的表面，会产生冷凝现象。

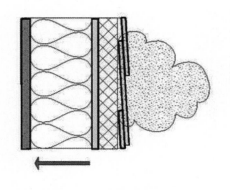

墙体空腔中产生冷凝

（图片来自加拿大木业）

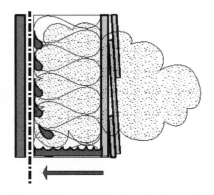

挤塑板或带金属铂层的泡沫板或自粘卷材

（图片来自加拿大木业）

5.5.6 防水防潮方式

• 折落：在房屋的防水防潮措施中，首先就是避免水进入房子。在村寨建筑中，应合理运用挑檐遮挡雨水，防止水的侵蚀。

• 排水：当水进入房子之后，应当能使它排出来。

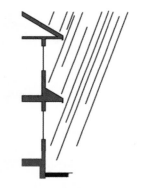

折落防水示意图（图片来自加拿大木业）

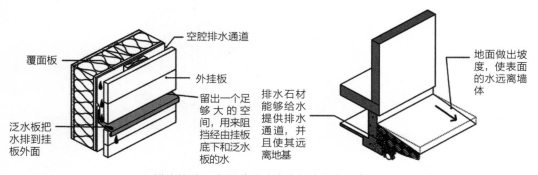

排水构造示意图（图片来自加拿大木业）

• 干燥：干燥是在水汽从高湿度区域到低湿度区域运动时发生的靠蒸汽扩散带走水分的现象。

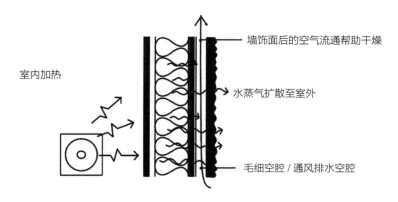

室内加热

墙饰面后的空气流通帮助干燥

水蒸气扩散至室外

毛细空腔 / 通风排水空腔

干燥除湿示意图（图片来自加拿大木业）

• 耐久性材料：在村寨木结构建筑中。有可能接触到水的材料需要采用防腐木材。这样建筑的围护结构才更具有耐久性。

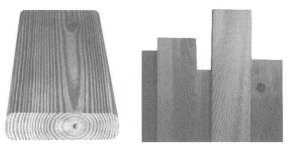

防腐木材（图片来自加拿大木业）

5.5.7　防雨幕墙系统

基于上述提到的折落、排水、干燥和耐久性材料四个防潮要点的原则发展而来的，具有多条防线、排水空腔、压力阻断和干燥能力的防水防潮墙体构造，如下图所示。

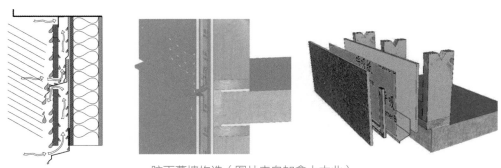

防雨幕墙构造（图片来自加拿大木业）

5.5.8 泛水板

泛水板是建筑外围护结构的重要构件，它可以防止水进入建筑内，将水导离建筑，使建筑构件免受污染、腐蚀、锈蚀、霜冻等。

泛水板通常布置在窗户上口、底部、墙体腰线、屋顶墙体过渡处。泛水板的尺寸应根据布置位置确定。不同位置泛水板角度如下图所示。

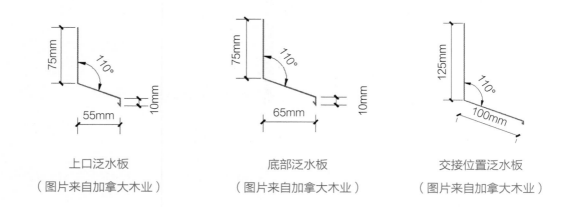

上口泛水板

（图片来自加拿大木业）

底部泛水板

（图片来自加拿大木业）

交接位置泛水板

（图片来自加拿大木业）

5.6 提升气密性

5.6.1 气密层

房屋中的漏气现象常常位于门、窗、管线出管、楼板穿孔处等位置。漏气现象将会造成能耗和费用的增加、降低热舒适、降低隔声性能等。因此，建筑需要气密层来增强房屋的气密性。

气密层是一个连续的气密平面，由低透气性材料系统性地组合起来，形成一个连续的屏障，阻止空气进入建筑物室内。气密层的存在可以降低能耗，是最具成本效益的建筑节能措施之一。

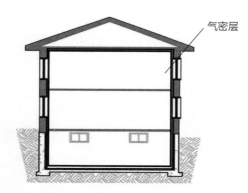

在整个建筑围护结构中保持连续的气密层（图片来自加拿大木业）

5.6.2　气密层做法

气密层做法可分为气密石膏板做法（ADA）、气密覆面板做法（AS）和气密呼吸纸做法（ABW）。

1. 气密石膏板做法

使用粘贴或装饰在内外墙面和保温吊顶上的石膏板作为主要气密层。石膏板本身是一种气密性良好的材料，配合泡沫垫圈、螺丝、胶带及密封剂，室内石膏板系统性地与框架、窗户、门和其他穿孔密封，形成一个连续、有效的墙体密封系统。

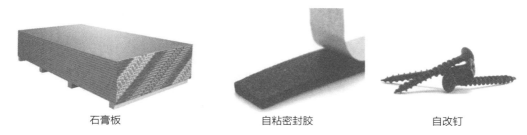

石膏板　　　　　　　自粘密封胶　　　　　　自改钉

气密石膏板材料（图片来自加拿大木业）

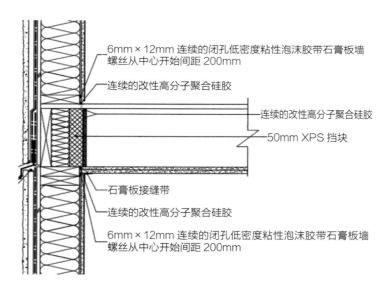

6mm×12mm 连续的闭孔低密度粘性泡沫胶带石膏板墙
螺丝从中心开始间距 200mm

连续的改性高分子聚合硅胶

连续的改性高分子聚合硅胶

50mm XPS 挡块

石膏板接缝带

连续的改性高分子聚合硅胶

6mm×12mm 连续的闭孔低密度粘性泡沫胶带石膏板墙
螺丝从中心开始间距 200mm

外墙体与楼面交接处 ADA 节点（图片来自加拿大木业）

- ADA的优点：

石膏板是一种结构性气密层，可以承受较大的风荷载。

使用石膏板、石膏板胶带与密封胶，可以简易、低成本地修复和维护。

石膏板气密层在室内环境中，也相对延长了气密材料的使用寿命。

如果发现漏气，因为在室内，也便于修复。

• ADA的缺点：

外墙和吊顶通常有许多设备、管道、通风和墙体连接的穿墙位置，需要花费大量劳力做密封。

2. 气密覆面板做法

将结构定向刨花板（OSB）运用于框架，作为外墙的主要气密层。通常使用泡沫垫圈、胶带和密封剂将OSB与木框架、门窗以及电气、机械穿孔和其他穿孔进行系统的密封。

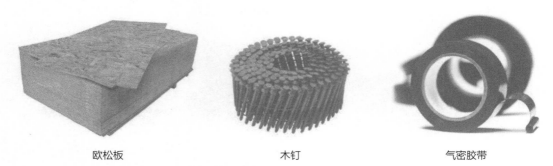

欧松板　　　　　　木钉　　　　　　气密胶带

气密覆面板材料（图片来自加拿大木业）

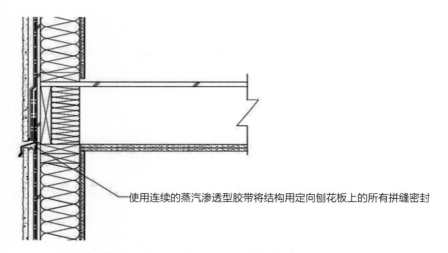

使用连续的蒸汽渗透型胶带将结构用定向刨花板上的所有拼缝密封

外墙体与楼面交界处 AS 节点（图片来自加拿大木业）

• AS的优点：

使用现有的结构覆面板作为主要的墙体气密层，耐久性好且能够承受风荷载。

在封边格栅与穿墙处等气密性做法较复杂的位置，AS的施工相比其他做法更为简易。

受施工损坏的影响较小。

使用胶带密封OSB接。缝的施工较为简易，通常不需要对工人进行特殊培训。

• AS的缺点：

对于胶带要求较高

无法检查和维修，气密测试的时间需要精准把控。

3. 气密呼吸纸做法

使用固定在定向刨花板覆面板上的呼吸纸作为外墙的主要气密层。通常选取商用级粘聚烯烃呼吸纸材料。使用帽钉固定呼吸纸，接缝处均应用专用胶带进行搭接和粘贴。借助密封剂、胶带和防潮垫将呼吸纸密封至框架、门窗、机械和电气管道，以形成连续的气密层。

帽钉	呼吸纸专用胶带
（图片来自加拿大木业）	（图片来自加拿大木业）

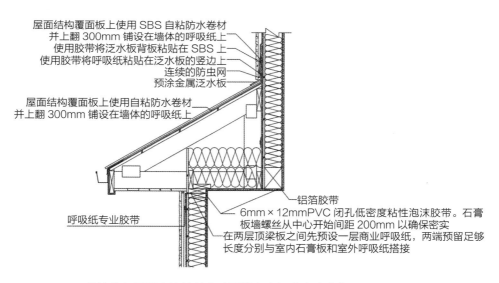

屋面结构覆面板上使用 SBS 自粘防水卷材
并上翻 300mm 铺设在墙体的呼吸纸上
使用胶带将泛水板背板粘贴在 SBS 上
使用胶带将呼吸纸粘贴在泛水板的竖边上
连续的防虫网
预涂金属泛水板

屋面结构覆面板上使用自粘防水卷材
并上翻 300mm 铺设在墙体的呼吸纸上

呼吸纸专业胶带

铝箔胶带
6mm×12mmPVC 闭孔低密度粘性泡沫胶带。石膏板墙螺丝从中心开始间距 200mm 以确保密实
在两层顶梁板之间先预设一层商业呼吸纸，两端预留足够长度分别与室内石膏板和室外呼吸纸搭接

外墙体与屋面交接处节点（图片来自加拿大木业）

- ABW的优点：

通过升级与调整安装顺序，使用更厚的呼吸纸、帽钉、胶带和填缝剂，可以使ABW做法的性价比更高。在ABW做法中，呼吸纸同时起到了气密层和防水层的作用。

ABW的气密性节点也可作为防水节点。

在封边格栅等气密性做法较复杂的位置，ABW的施工相比其他做法更为简易。

- ABW的缺点：

气密层非刚性材料。

无法检查和维修，气密测试的时间需要精准把控。

5.6.3 针对防潮性能的关键节点处理

在村寨木结构房屋中，为了提升防潮能力和气密性，要注意一些重要节点的处理，包括外墙穿管节点、基础勒脚节点、墙体与圆木柱连接节点、屋盖穿管节点、侧面与墙体连接节点、窗口下节点等。

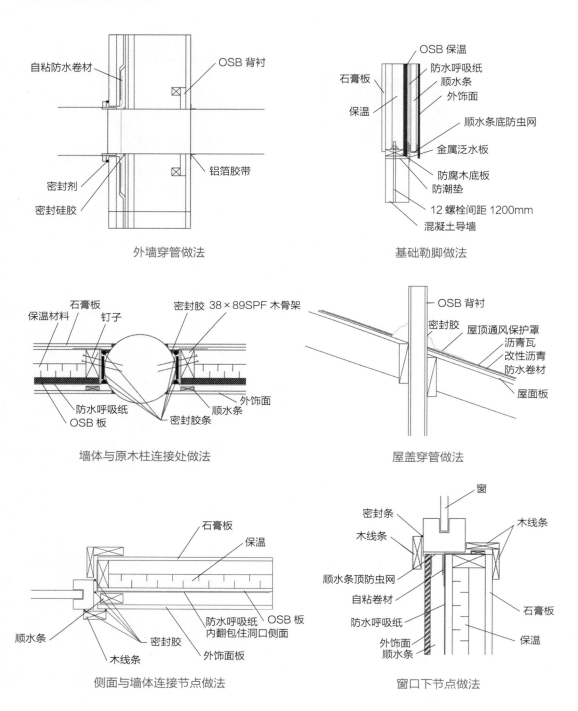

外墙穿管做法

基础勒脚做法

墙体与原木柱连接处做法

屋盖穿管做法

侧面与墙体连接节点做法

窗口下节点做法